ÉTUDE SUR LES PNEUMONIES

ET NOTAMMENT SUR LES

PNEUMONIES

SCORBUTIQUES

Par M. RAMBAUD,

MÉDECIN DE L'HÔTEL-DIEU, PROFESSEUR SUPPLÉANT A L'ÉCOLE
DE MÉDECINE DE LYON.

LYON

IMPRIMERIE D'AIMÉ VINGTRINIER

QUAI SAINT-ANTOINE, 35.

1859.

ÉTUDES SUR LES PNEUMONIES

ET NOTAMMENT SUR

LES PNEUMONIES SCORBUTIQUES

Par M. RAMBAUD,

MÉDECIN DE L'HÔTEL-DIEU, PROFESSEUR-SUPPLÉANT A L'ÉCOLE DE MÉDECINE
DE LYON.

Du 2 février 1855 au 31 décembre de la même année, 113 sujets ont été traités, dans mon service, de pneumonie ou de pleuro-pneumonie : sur ce nombre 23 sont morts et 90 sont sortis guéris.

Au point de vue où je veux me placer pour examiner ces affections, je les partagerai en trois catégories :

Les pneumonies simples ;

Les pneumonies à forme typhoïde ;

Et les pneumonies que j'appellerai provisoirement asphyxiques.

Pneumonies asphyxiques.

Ces dernières comptent dans le chiffre total pour 26, et dans le chiffre des morts pour 19. Excepté 4 qui entrèrent le 10 février, le 4 mars, le 14 mars et le 12 mai, les 22 autres furent reçus le 2, le 3 et le 4 février.

La redoutable gravité qu'indiquent ces chiffres et que de prompts accidents, rapidement mortels, mirent bientôt en lumière, ne fut qu'en partie soupçonnée au début et plutôt sur l'apparence insolite de l'ensemble phénoménal que sur la violence spéciale de tel ou tel symptôme.

A leur entrée, les malades souffrants depuis plusieurs

jours, se plaignaient d'oppression, de toux, d'une médiocre inappétence, d'un peu de soif, et surtout d'une extrême faiblesse. A l'auscultation on découvrait un peu de râle muqueux disséminé, du râle crépitant ou du souffle tubaire, ou tous les deux, dans une étendue variable, mais toujours relativement bornée ; quelquefois sur une surface qui n'excédait pas la largeur d'une ou deux pièces de cinq francs. La matité était médiocre en étendue et en intensité, excepté quand il existait concurremment un peu d'épanchement révélé par l'égophonie.

Les crachats peu abondants, en partie muqueux et aérés, en partie sanguinolants, n'adhéraient pas au vase ; quelquefois d'apparence de gelée de groseille, ou couleur jus de pruneaux, ils étaient le plus souvent simplement tachés de sang pur, comme dans l'hémoptysie décroissante, et jamais ils n'ont présenté cette teinte franchement rouillée ou fortement citronnée, qui témoigne habituellement d'un mélange intime, des éléments du sang aux produits de la secrétion ; c'était plutôt des crachats hémorrhagiques que pneumoniques.

Malgré le peu d'étendue de la lésion et la perméabilité presque complète du tissu pulmonaire, la dyspnée était toujours considérable, quelquefois presque constamment excessive, et chez tous elle avait des exacerbations paroxystiques d'une extrême intensité.

Le pouls petit, vite, mou, dépressible, dépassait toujours 100 et atteignait quelquefois 130 et 140 pulsations à la minute.

La peau sèche et brûlante comme dans le premier stade d'un intense accès de fièvre intermittente, est toujours restée telle jusqu'à la mort ; chez quelques-uns cependant, et notamment chez ceux qui ont guéri, elle s'est ouverte plus tard pour donner issue à des transpirations profuses, aqueuses, et nullement huileuses ni odorantes.

Enfin le phénomène le plus remarquable, celui qui frappait au premier aspect, c'était la teinte cyanique de la face, des lèvres surtout et des ongles ; cette teinte augmentait avec le danger et prenait dans les crises de dyspnée et aux approches de la mort une telle intensité qu'elle atteignait la coloration la plus foncée du choléra cyanique.

Les voies digestives n'offraient rien à noter, il n'y avait ni diarrhée, ni vomissements. Les selles étaient rares, dures et normales, la langue était nette, la soif modérée, et quelques malades conservaient encore un peu d'appétit.

A part un peu de céphalalgie, les fonctions cérébrales étaient intactes, l'intelligence parfaite, et, je puis le dire à l'avance, elle se conserva telle jusqu'à la fin et rigoureusement jusqu'à la dernière minute de l'existence.

Chez tous ceux qui succombèrent, la marche de la maladie fut promptement fatale, beaucoup moururent au troisième ou quatrième jour, et aucun ne passa le quatorzième. Et voici invariablement ce qui arrivait : sous l'influence du séjour à l'hôpital et du traitement, on observait un léger amendement ; puis tout-à-coup, le plus ordinairement, en se recouchant, brusquement, sans frisson, ni prodrômes, sans toux, avec une soudaineté que je ne saurais trop signaler, la dyspnée s'exaspérait dans de formidables proportions, et comme si on eût plongé soudainement le malade dans le vide, le pouls s'accélérait en s'affaiblissant, la chaleur et la cyanose augmentaient, et le pauvre infortuné succombait en quinze ou vingt minutes à cette anhélation asphyxique croissante, et ce qui était le plus cruel, sans perdre, un seul instant, conscience de lui-même et de sa fin imminente. Si, par une médication énergique et prompte, on parvenait à conjurer le danger, il revenait bientôt plus pressant et emportait le malade à la seconde ou à la troisième crise au plus tard.

Ces accès de suffocation si meurtriers, se montrèrent à des intervalles inégaux, sans aucune espèce de règles, toujours à l'improviste, et souvent au moment même où l'on croyait pouvoir se féliciter de l'amélioration obtenue ; rien ne les annonçait ou ne pouvait les faire prévoir ; et quand ils ne se terminaient pas par la mort, ils décrois-

saient progressivement, et, après une transpiration mar-
quée, ils laissaient le sujet, à part un peu plus de faiblesse, sensiblement dans le même état qu'auparavant.
Pendant la crise, les symptômes stéthoscopiques ne chan-
geaient pas, ils devenaient seulement plus apparents, et
permettaient de constater la perméabilité complète du
tissu pulmonaire. Les bruits du cœur devenaient plus
sourds, disparaissaient progressivement, et l'impulsion
précordiale s'en allait avec le pouls et la vie.

Des sept qui ont guéri, quatre, deux surtout, présentèrent les mêmes phénomènes à un très-haut degré, les
trois autres à un degré médiocre, et peut-être eussent-ils
passé inaperçus, si mon attention n'eût été fortement
surexcitée par les faits dont j'étais quotidiennement le
témoin impuissant et désolé. Chez eux, tout se passa
d'abord comme chez les premiers ; puis peu à peu l'oppression diminua, les crises de dyspnée s'éloignèrent et
perdirent de leur intensité ; les signes physiques de la
pneumonie disparurent successivement et très-lentement,
la cyanose devint moins intense, le pouls un peu moins
fréquent et la peau moins brûlante ; mais tout cela se
passait de façon, vraiment, à faire dire que la maladie s'en
allait sans que la santé revînt : les malades restaient
étendus et anéantis dans leur lit, sans force, sans courage
et surtout sans appétit ; en possession complète de leur
intelligence, ils n'avaient ni désirs, ni volonté, et ils
acquiesçaient à peine aux offres réitérées que je leur faisais
des choses les plus propres à flatter leurs goûts habituels ; les urines et les selles étaient rares, et la vie organique affaissée ; chez l'un d'eux, qui fut longtemps en
proie à des sueurs profuses, le pouls était encore à 104
après 60 jours de séjour à l'hôpital, sans qu'on pût découvrir ni fluxion inflammatoire, ni lésion quelconque.
Tous sortirent presque incomplètement convalescents,
avec encore un peu de cyanose aux lèvres, au moins, dans
un état de débilité extrême, et s'essoufflant au moindre
effort musculaire, après 26, 31, 37, 45, 50, 60 et 91 jours

de séjour. Je ne mis aucun obstacle à leur départ, peut-être prématuré dans tout autre circonstance, parce que j'estimais que l'air natal, les distractions et un peu d'exercice éveilleraient plus tôt et mieux leurs fonctions organiques qu'aucune médication pharmaceutique.

Les chiffres exposés précédemment avec les résultats désastreux qu'ils constatent, disent assez à quel point la thérapeutique fut impuissante ; je rechercherai plus tard en quoi elle a peut-être péché ; actuellement je dois dire simplement ce qu'elle a été et exposer les brusques péripéties par lesquelles elle a passé sous l'implacable pression d'accidents graves, éclatant simultanément tous les jours dans une salle de 120 lits, et se succédant avec une telle rapidité que le temps manquait à la réflexion et laissait indécise et incomplète la sage expérimentation que recommande Sydenham.

Bien que frappé dès le début de la dissonance qui existait entre le peu d'étendue de la lésion inflammatoire et la réaction générale, dont la forme inusitée et le caractère excessif me faisaient soupçonner quelque élément morbide dangereux ; malgré la faiblesse des malades, la petitesse du pouls et la nature des crachats, il me parut nécessaire chez un bon nombre de débuter par une petite saignée au bras (2 à 300 grammes), pour dégager et soulager le système circulatoire, dont la cyanose me dénonçait l'impuissance. Chez tous, l'effet quoique médiocre fut momentanément heureux, l'oppression diminua un peu ; mais chez aucun on ne put observer cet immédiat et complet soulagement, cette élévation du pouls, ni cette détente de bon augure qui surviennent habituellement au bout de peu de temps, après une saignée opportune dans la pneumonie franchement inflammatoire : de plus, le sang retiré, de quelque façon qu'il eût coulé, resta dissout, diffluent et d'une couleur noire excessive, qui ne se modifia pas au contact de l'air. Cet état du sang, qui confirmait les appréhensions premières, ne permettait pas de rouvrir la veine, on se borna, dans quelques cas de violents points de côté ou de dyspnée extrême et continue, à appliquer des sangsues en petit nombre, sur la poitrine.

Chez plusieurs, mu par les mêmes craintes, et défiant de la saignée que ne commandait pas chez eux l'excès de l'oppression, on débuta par quelques sangsues seulement, ou par l'émétique donné à petites doses et comme évacuant, de peur d'augmenter par l'énergique dépression rasorienne, l'affaissement et la perversion des forces.

Chez tous on employa concurremment, dès le début, les boissons chaudes et diaphorétiques et les vésicatoires aux bras et sur la poitrine.

Bientôt, l'apparition des crises, en révélant un danger imprévu, montra avec la dernière évidence qu'on avait affaire à un état morbide dont l'élément inflammatoire et la lésion pulmonaire n'étaient pas le nœud gordien. La médication antiphlogistique, employée jusqu'à ce moment avec tant de défiance et de parcimonie, fut alors, sinon abandonnée complètement, au moins encore atténuée. L'acétate d'ammoniaque, de puissants sinapismes, d'énergiques frictions excitantes, que recommandaient à l'exclusion de tout autre remède, leur action violente et prompte, et la nécessité d'arrêter à tout prix une asphyxie aussi évidente dans ses effets qu'inconnu dans ses origines, servirent à combattre ces crises asphyxiques et réussirent souvent à en triompher. Mais les calmer ne suffisait pas, et après chacune d'elles je me demandais en vain comment je pourrais empêcher leur retour ? ce qu'elles étaient ? d'où elles provenaient ? Je ne trouvais aucune réponse à toutes ces questions, et ce qui est le plus désolant, aucune indication, même apparente, à remplir : je voyais distinctement que l'état local était de peu d'importance, que le danger partait de plus haut, que le sang était altéré, que l'action nerveuse était pervertie, spécialement dans les fonctions du poumon et du cœur, que le conflit de l'air et du sang au sein du tissu pulmonaire ne produisait pas ses résultats physiologiques habituels ; mais je ne voyais rien au-delà , je ne pouvais saisir le lien commun à tous ces phénomènes redoutables, et tous les jours j'instituais , sans grande confiance , une médication empirique nouvelle, et aussi impuissante que celle de la veille.

C'est ainsi que j'ai employé, tour à tour, le sulfate de quinine, dans la pensée qu'il y avait peut-être là quelque accident périodique , pernicieux , l'huile de ricin pour désemplir le système vasculaire sans enlever au sang ses principes essentiels, et établir une puissante révulsion intestinale ; l'opium que recommande Hufeland pour relever le pouls, dans les maladies asthéniques, avec éréthisme nerveux ; les extraits de quinquina et de valériane , la cannelle, le musc et le camphre comme toniques et névrosthéniques ; le vin , les balsamiques comme excitants ; l'ipéca, le polygala à cause des vertus qu'on leur a attribuées dans certaines pneumonies ; les révulsifs cutanés, vésicants, les frictions térébenthinées , et même une fois les frictions avec un tampon de linge mouillé, parce que j'avais remarqué que les crises se terminaient le plus ordinairement par la sueur, et que j'espérais, en fluxionnant artificiellement la peau, imiter la nature et suivre la voie qu'elle indiquait : la noix vomique à l'intérieur et en frictions sur la région précordiale, à cause de la défaillance des contractions du cœur , qui m'avait parue une des causes les plus actives de la terminaison mortelle des crises. Et toutes ces médications se succédèrent rapidement les unes aux autres ou furent diversement combinées, sans qu'aucun effet de quelque importance vînt les justifier ou les condamner ; la marche du mal n'en parut ni retardée, ni modifiée quand la terminaison fut fatale ; et dans les cas heureux leur influence resta difficile à discerner.

On rechercha vainement à l'amphithéâtre ce qu'on n'avait pas pu découvrir au lit du malade, une lumière qui pût éclairer et guider la thérapeutique ; on trouva des détails intéressants , mais pas d'indication. Les autopsies qui furent toutes faites , et avec un soin et un empressement que surexcitait le désir de mettre un terme à des catastrophes désolantes , reproduisirent constamment les mêmes lésions ; car les cadavres comme les malades se sont toujours montrés identiquement semblables.

La pneumonie , quelquefois double , était en général peu étendue, et souvent même sous forme de noyaux disséminés ; jamais on ne rencontra cette induration, sèche, cassante, grenue à la coupe, rouge ou grise qui rappelle le tissu du foie ; pour la consistance et l'aspect on aurait bien plutôt cru tenir un morceau de la rate ramolli. Tout le tissu pulmonaire , mais particulièrement ses portions déclives, était engoué et se laissait pénétrer par le doigt avec une extrême facilité.

On trouva plusieurs fois du muco-pus dans les bronches et souvent de la sérosité citrine en assez notable quantité dans l'une ou les deux plèvres ; sur ces dernières, assez fréquemment tapissées de fausses membranes, on crut reconnaître deux fois du pus concret.

Dans les cavités droites du cœur on trouva toujours une énorme quantité de sang noir, poisseux, cailleboté, ne rougissant pas à l'air ; dans les cavités gauches une moindre quantité de sang de même aspect, et dans les deux orifices artériels de longs fuseaux fibrineux qui s'enchevètraient par des racines déliées dans les cordes tendineuses des valvules et se prolongeaient à une grande distance par leur autre extrémité. Le péricarde contenait habituellement un peu plus de sérosité qu'à l'état normal. Le tissu propre du cœur parut toujours mou , flasque , friable et ramolli. Le foie et la rate avaient également perdu de leur consistance. La vessie revenue sur elle-même, contenait encore des urines. La substance cérébrale et les méninges gorgés d'un sang noir, évidemment par suite des derniers phénomènes de la vie, ne présentèrent jamais la moindre lésion ; il en fut de même du péritoine et de la muqueuse digestive.

Par la lésion, le siége et les signes sthétoscopiques, la maladie dont je viens d'esquisser rapidement les traits principaux, est assurément une pleuro-pneumonie, mais une pleuro-pneumonie sensiblement différente de l'inflammation du parenchyme pulmonaire que nous rencontrons tous les jours avec plus ou moins de complications. C'est une phlegmasie à laquelle manquent les signes locaux et généraux les plus caractéristiques de l'inflammation, pendant la vie comme après la mort ; c'est une affection locale, bornée dans son étendue, qui suscite une réaction générale effrayante par son excès ; c'est une maladie où les malades succombent à une soudaine asphyxie, au sein d'une athmosphère qui fait pénétrer facilement jusque dans les cellules pulmonaires un air parfaitement respirable.

Je veux rechercher actuellement si ce sont là des énigmes insolubles, et si il ne serait pas possible d'expliquer convenablement tous ces phénomènes insolites, qui m'ont aussi surpris qu'effrayé, et qui ont été pendant longtemps l'objet de mes méditations.

Une solution naturelle se présente tout d'abord ; plusieurs malades ont été atteints simultanément de pneumonie, de bronchite et de pleurésie, un plus grand nombre de bronchite et de pneumonie seulement ; dans de pareilles conditions, il est évident que la circulation et l'hématose pulmonaires peuvent devenir difficiles et laborieuses et qu'on rencontre quelquefois de la cyanose et des phénomènes asphyxiques, par cause mécanique ; mais dans ce cas l'asphyxie est lentement progressive et jamais foudroyante et paroxystique, elle reste toujours en rapport exact avec la cause matérielle et parfaitement appréciable qui la produit, à savoir la quantité de liquide épanché qui refoule le poumon, l'abondance et la viscosité des sécrétions bronchiques, qui ne permettent pas à l'air d'atteindre les cellules pulmonaires ; et chez nos malades nous n'avons rien observé qui autorise cette explication, l'épanchement a toujours été modéré, et les secrétions bronchiques n'ont jamais été un obstacle à la perméabilité des cellules pulmonaires, comme le prouvait pendant la vie la rareté du râle muqueux et le caractère puéril de la respiration, et après la mort, l'inspection des bronches et la crépitation du tissu pulmonaire ; du reste, les cas où ces complications ont manqué, et en ce qui concerne la pleurésie, ils sont nombreux, resteraient encore en dehors de cette explication.

Enfin, en admettant que la cyanose fût purement mécanique, on aurait encore à· se demander ce qui a empêché l'inflammation de porter ses fruits habituels ; la plasticité du sang, l'hépatisation rouge ou grise ; ce qui a déterminé ce remarquable défaut de consistance qui a été constaté dans les parenchymes ; ce qui a maintenu jusqu'à la fin la peau à ce degré élevé de chaleur sèche, alors que l'algidité et les sueurs froides sont la conséquence inévitable de l'empêchement mécanique de la circulation et de la respiration. Cette explication, si plausible en apparence, ne résiste pas à une sévère analyse, et, tout en admettant que les complications dont je viens de parler ont pu augmenter et aggraver les accidents, je reste convaincu qu'elles n'en ont pas été la cause première et déterminante.

J'ai dit que sur tous les cadavres on avait trouvé dans le cœur et surtout à droite du sang noir et cailleboté, et dans les orifices artériels des deux côtés, une masse fibrineuse enveloppée de sang de même apparence. Faut-il croire que cette fibrine amassée là dès le début de la maladie et subissant de brusques augmentations ou de soudains déplacements, a produit et la cyanose et les crises de dyspnée ? Je ne puis non plus admettre cette explication, parce que les malades examinés avec soin et une persévérante assiduité, n'ont jamais, à aucune époque de leur vie et même de leur agonie, présenté aucun bruit de souffle, et qu'une asphyxie survenant à la suite d'une oblitération partielle de l'un des orifices du cœur ne saurait se produire sans bruits anormaux à un moment quelconque.

Ce singulier phénomène que l'état de dissolution du sang tiré de la veine pendant la vie, était loin de faire prévoir, me semble devoir être considéré comme la conséquence du genre de mort, et non comme la cause des accidents et de la mort elle-même. En effet, pendant les crises, bientôt suivies d'agonie, le cœur perdant rapidement de son énergie contractile, comme le prouvait surabondamment l'affaiblissement du pouls et de l'impulsion précordiale, le sang contenu n'était presque plus lancé, mais seulement agité et battu, et il abandonnait aux aspérités des ventricules et des valvules sa fibrine, comme il le fait au balai qui l'agite au sortir de la veine ; aussi la fibrine était-elle précisément là où ces conditions s'étaient trouvées le mieux réalisées, c'est-à-dire aux deux orifices du cœur, d'où elle s'était prolongée au loin, un premier dépôt servant de point d'appui à un second. Aucune explication mécanique ne me paraît pouvoir comprendre l'ensemble des phénomènes observés ; c'est à des causes d'un autre ordre et plus générales dans leur action qu'il faut demander la lumière sur ces faits.

Toutes les fois qu'il s'agit de maladies meurtrières sévissant sur des troupes mises en mouvement sur une grande échelle, comme c'était ici le cas, l'idée du typhus, ou au moins d'affections de nature typhique, surgit immédiatement dans l'esprit du médecin ; mais nous ne saurions nous arrêter à cette pensée, en l'absence de tout phénomène propre à ce genre de maladie ; nos malades n'ont jamais présenté même l'apparence du délire ou du coma, ni aucune trace d'éruption pétéchiale, la lucidité et la netteté de leur intelligence jusqu'au dernier moment a toujours été presque un sujet d'étonnement pour tous ceux qui les ont approchés. Mais il faut reconnaître que les faits que j'ai exposés se prêtent sous certains rapports à de remarquables rapprochements avec une maladie dont les récents ravages sur les populations civiles et militaires, devaient à juste titre exciter mes appréhen—sions ; et qu'on peut se demander si il n'y avait pas dans ces faits dont nous recherchons les origines, une influence cholérique quelconque.

Evidemment je ne veux pas dire qu'il y ait eu peut-être une attaque du choléra survenant incidemment dans le cours d'un pneumonie ; pour une pareille assertion, il faudrait d'autres signes et d'autres preuves qui manquent absolument ; mais je me demande si mes malades n'ont pas été exposés simultanément aux causes inconnues qui produisent le choléra et à celles qui déterminent la pneumonie, et si l'affection que nous étudions n'est pas née de l'action combinée de ces deux ordres de causes. En admettant cette hypothèse on pourrait concevoir que la *résultante* ne fût ni le choléra, ni la pneumonie, mais une sorte de produit hybride, rappelant ses origines par certains caractères, et impuissant par l'équilibration de principes contraires à réaliser nettement l'inflammation de la pneumonie et l'algidité et la fonte séreuse du choléra. Ainsi se trouveraient expliquées la cyanose, les qualités physiques du sang si rebelle à l'hématose et la meurtrière gravité de la maladie.

Malheureusement pour cette séduisante hypothèse on peut lui objecter que le choléra est un trop redoutable champion pour céder la prééminence à aucun autre élément morbide et pour s'effacer dans ses caractères les plus essentiels sous l'influence d'une maladie concomittante. Il domine puissamment d'ordinaire la scène morbide et ne se dissimule pas ainsi, quelles que soient les conditions physiologiques ou pathologiques de l'organisme envahi ; on a pu voir récemment dans nos contrées avec quelle énergie victorieuse il modifie l'appareil phénoménal au profit de sa propre physionomie quand il intervient dans le cours d'une maladie. Or, nos malades n'ont jamais eu ni diarrhée ni vomissement ; il a toujours été nécessaire même de solliciter leurs évacuations alvines ; leur peau est restée brûlante et pleine d'élasticité jusqu'au dernier moment, et malgré la cyanose leur face et leurs yeux surtout, n'ont jamais offert cet aspect caractéristique qu'on n'oublie pas quand on l'a vu une seule fois. A ces considérations, déja décisives, on peut ajouter que toute trace de choléra avait disparu de la ville depuis longtemps et que l'armée de Lyon était à cette époque complètement exempte de toute affection pouvant faire redouter une explosion cholérique.

Comme ce genre de pneumonie n'a été observé vers ce temps-là que sur la population militaire et pendant un laps de temps assez court, il est nécessaire maintenant d'étudier les conditions particulières antérieures et actuelles dans lesquelles se sont trouvés ces hommes ; car on est certainement fondé à croire que c'est à des circonstances inhérentes aux temps et aux individus qu'il faut attribuer cette forme et cette gravité qui ne peuvent s'expliquer ni par des complications exceptionnelles, ni par l'intervention des éléments morbides fixes que nous avons passés en revue.

Tous ces hommes appartenaient à des régiments ayant fait récemment de longues et laborieuses marches (1), par le froid, la neige et la pluie ; tous se plaignaient d'avoir été souvent privé de sommeil (2) et d'avoir subi

(1) L'un venait de Nantes, un autre de Strasbourg, et un troisième de Bayonne.

(2) L'étape, proprement dite, n'est jamais bien longue, et malgré de pressantes nécessités, il ne paraît pas que la longueur réglementaire ait été dépassée, mais ce qui la rend pénible en la doublant parfois, c'est que le lieu où s'arrête une troupe en marche, n'est pas celui, le plus souvent, où couchent une grande partie des hommes ; un grand nombre est obligé d'aller au loin par des chemins inconnus et ordinairement détestables dans la mauvaise saison, chercher son gîte dans les villages voisins. Et bien des hommes m'ont raconté que cette seconde marche leur avait été plus pénible que la première, et leur avait souvent à peine laissé le temps de dormir une heure ou deux, obligés qu'ils étaient de revenir de grand matin au lieu de ralliement.

l'influence excessive et prolongée du froid, même depuis leur récente arrivée. Tous ceux entrés dans les quatre premiers jours de février, c'est à dire 21 sur 26, étaient restés alités dans leurs casernes, cinq, six et même huit jours, par suite de l'insuffisance de l'hôpital militaire, et pendant ce temps n'avaient reçu que des soins nécessairement incomplets. Tous savaient que Lyon était sur le chemin de Sébastopol, et sans faire outrage à leur courage, ce qu'ils savaient et surtout ce qu'ils disaient à ce moment de ce glorieux siége, n'était pas de nature à embellir les perspectives du voyage auquel ils se savaient destinés. Enfin un bon nombre (7) avaient très-récemment quitté leurs foyers et se trouvaient sous le coup du chagrin qui suit une séparation cruelle, ou qui accompagne les premiers temps d'une existence nouvelle, dont on ne voit encore distinctement que les mauvais côtés.

Ces conditions hygiéniques diverses qui avaient pesé sur mes malades avant leur entrée, sont exactement celles que nos soldats ont rencontrées en Orient, augmentées par un ciel inclément et des travaux excessifs, et aggravés par la concentration des masses et l'encombrement des hôpitaux ; là, sur ce théâtre d'une vaste et funèbre expérimentation, leur influence sur l'organisme humain a éclaté au grand jour, et nous avons vu le typhus et le scorbut se développer et se répandre en proportion de leur intensité. Ce qui s'est passé en Crimée peut donc être invoqué comme une preuve *à posteriori*, et, sans aller plus loin, je pourrais presque dire ici que les pneumonies dont je m'occupe sont des pneumonies développées chez des hommes entachés de scorbut ; mais je veux actuellement, si cela est possible, en faire la démonstration directe et voir si, connaissant cette complication, j'aurais pu mieux réussir dans le traitement.

Personne, assurément, ne voudra contester que mes malades aient été exposés aux causes qui peuvent produire le scorbut, mais on objectera peut-être que ces causes n'ont pas eu une énergie et une durée suffisantes, et qu'il

serait nécessaire, pour affirmer leur influence, de montrer des effets plus tranchés et surtout s'étendant à d'autres hommes que ceux frappés de pneumonie (1). Si les
causes de maladies n'agissaient qu'en raison directe de leur
intensité propre, cette objection pourrait avoir quelque
valeur : mais on sait qu'il n'en est point ainsi et que leur
action est surtout proportionnée aux forces et aux résistances organiques de ceux qui les subissent ; or, comme
les épreuves imposées à nos soldats avant leur embarquement étaient mesurées à la force moyenne du plus grand
nombre et non à celle des plus faibles, il est facile de
comprendre que ces derniers aient pu être violemment
éprouvés, sans que la masse parût avoir ressenti aucun
effet bien sensible de ces dures fatigues. Du reste cette
influence qui devait ailleurs se manifester par des signes
si certains, était cependant déjà assez accusée en France,
puisque M. Tholozan signalait dans la *Gazette médicale
de Paris*, du 7 juillet, la présence d'affections scorbutiques de faible intensité dans les hôpitaux militaires de
Paris, et que moi-même je rencontrais dans mon service
une foule de malades atteints de purpura, d'hémorrhagies
diverses des muqueuses, et présentant cet accablement,
cette répugnance invincible à toute espèce de mouvement,
ces douleurs musculaires qui sont les premiers signes du
scorbut, et qui précèdent les symptômes caractéristiques.

Une objection plus sérieuse en apparence, c'est qu'aucun de mes malades n'a présenté ces taches ecchymosiques
et ce ramollissement des gencives, sans lesquels le scorbut
peut paraître impossible, mais ces phénomènes sont
ceux de la maladie confirmée, de la maladie en pleine
possession de l'organisme, leur apparition constate le
triomphe des causes morbigènes et non leurs premières
atteintes ; ils sont au scorbut ce que le sofflue tubaire est

(1) J'ai vu les mêmes accidents cyaniques et asphyxiques dans le
même temps chez des hommes affectés de rougeole, qui ont également succombé de la même manière.

à la pneumonie, et bien avant qu'ils ne soient visibles on peut affirmer que le sang et la nutrition générale ont été frappés ; car c'est sur ce liquide et sur cette fonction que portent évidemment les premiers efforts du mal. Les solides doués de plus de résistance et indirectement atteints, ne cèdent que peu à peu et sous l'influence croissante de la lésion humorale et du trouble fonctionnel ; et si, comme c'était ici le cas, les causes de la maladie saisissant à l'improviste des sujets en pleine santé, agissent rapidement, avec ensemble et énergie, le sang et la nutrition seront profondément lésés, bien avant qu'il soit possible d'observer le ramollissement des gencives et les suffusions sanguines ; et on aura, alors, ce qu'on pourrait appeler le scorbut aigu, ou simplement un état scorbutique qui présente tous les autres signes du scorbut, moins ceux-là.

C'est ce scorbut qui avait frappé mes malades, c'est celui-là dont nous allons actuellement constater chez eux les signes irrécusables pendant la vie et après la mort.

Dans toutes nos autopsies, ainsi que nous l'avons dit précédemment, nous avons trouvé le cœur, le poumon, le foie et la rate, gorgés de sang et ramollis ; le poumon et le cœur surtout, ramollis à ce point que le doigt pénétrait sans effort leur tissu, et que, le cœur jeté sur une table, s'étalait et s'affaissait comme si un commencement de putréfaction eût déjà vaincu l'élasticité de la fibre musculaire. Ces lésions, avec les épanchements séreux et la distension des cavités cardiaques par du sang noir qui n'ont jamais manqué, sont effectivement les caractères anatomiques généraux que tous les auteurs signalent dans le scorbut; et ils ont ici d'autant plus de valeur qu'ils se sont rencontrés sur tous les cadavres, et qu'aucune autre lésion capable d'expliquer la mort, n'est venue infirmer leur signification.

Le sang avait subi de telles atteintes dans ses propriétés vitales, que celui tiré de la veine restait diffluent ou caillebotté et ne rougissait plus en présence de l'air ; que celui contenu dans les vaisseaux semblait frappé de la même impuissance à s'artérialiser au contact de l'atmosphère, ainsi que l'attestent la cyanose et l'asphyxie permanente et paroxystique qui furent le caractère dominant de la maladie.

L'analyse chimique, il est vrai, n'a pas été appelée à constater que la fibrine était diminuée ou altérée ; mais comment regretter cette lacune alors que le fait paraît hors de toute contestation et qu'il reste acquis à la discussion, ce qui est essentiel ; à savoir, que le sang avait perdu le pouvoir d'acquérir dans le poumon les qualités qui l e rendent propre à l'entretien de la vie, et qu'il passait sans subir aucune modification par le fait de l'inflammation locale, de ses vaisseaux capillaires à la surface des bronches.

Cette altération si manifeste et si profonde du sang a coïncidé avec une faiblesse musculaire que j'ai déjà signalée ; faiblesse excessive qui condamnait les malades à une immobilité absolue, et leur laissait à peine assez de force pour s'asseoir et exécuter les instinctifs mouvements respiratoires que leur commandait impérieusement la dyspnée ; cette impuissance musculaire qui s'est prolongée au-delà de toute prévision dans les convalescences, avait cela de particulier qu'elle semblait s'être étendue même aux muscles de la vie organique, à ceux de l'intestin, d'où résultait une constipation opiniâtre, à ceux du cœur, comme on pouvait l'apprécier directement avec la main et l'oreille.

Cette grande défaillance de tous les muscles ne se rencontre portée à ce point et ainsi généralisée et prolongée, dans aucune maladie, même asthénique, on ne l'observe que dans certains cas, où, comme chez mes malades, l'hématose est empêchée : chez les individus qui s'élèvent à une grande hauteur, et auxquels la pression atmosphérique diminuée, refuse une suffisante quantité d'air ; chez les hommes placés dans un air raréfié, et enfin, ce qui est caractéristique, chez ceux que le scorbut a forte-

ment éprouvés, tous les auteurs sont d'accord sur ce fait, et Lind l'a signalé depuis bien longtemps. Selon ce dernier auteur, qu'il faut toujours citer quand il s'agit du scorbut, les scorbutiques sont extrêmement faibles, à toutes les périodes de la maladie et ils le deviennent tellement vers la troisième « que souvent, quoique bien por-
« tants en apparence, ils sont sujets à tomber en dé-
« faillance au moindre mouvement ou au moindre effort,
« et souvent à mourir subitement (1), — qu'ils courent
« risque de mourir tout à coup dès qu'on les remue ou
« qu'on les expose au grand air, — qu'il y a des cas où,
« sans aucune douleur, la respiration devient courte et
« laborieuse, et le malade meurt subitement (2). C'est
« ce qui arriva, dit-il quelque part (3), à un de nos scor-
« butiques dans la chaloupe qui allait le débarquer, la
« respiration fut embarrassée et pressée l'espace d'une
« demi-minute, puis il expira sur le champ. »

Ce dernier trait, qu'on dirait tiré de mes observations, rapproché de ce qu'il dit en différents endroits, de la constriction de la poitrine et de l'oppression — des syncopes, — des douleurs de côtés, — des fréquentes défaillances, — de la difficulté de respirer, — des morts subites et imprévues qu'on observe fréquemment chez les scorbutiques, complète la démonstration que je voulais faire, en montrant clairement que l'on rencontre dans le scorbut confirmé, et que l'on ne trouve que là, exactement les mêmes accidents que ceux que nous avons vus se développer chez nos pneumoniques et les emporter.

Aujourd'hui que j'apprécie pleinement cet état pathologique si complexe, le traitement à lui opposer me paraît tout aussi difficile à formuler, et si je puis dire, peut-être, ce qui ne doit pas être fait, il n'est pas bien sûr que je puisse indiquer ce qui pourrait être fructueusement em-

---

(1) Lind, édition de l'encyclopédie. Passim.
(2) Lind, page 252. Loco citato.
(3) Lind, id., page 200.

ployé en pareille occurrence. Pour atteindre ce but, si cela est possible, précisons d'abord les conditions pathologiques qui étaient faites à mes malades.

L'asphyxie paroxystique, qui a été la cause immédiate et certaine de toutes les morts, était le résultat de circonstances diverses, mais cependant faciles à déterminer : primitivement produite par cette altération particulière du sang qui le rendait inhabile à s'hématoser, elle s'aggravait successivement par la défaillance du cœur et des muscles inspirateurs, dont la contractilité cédait peu à peu sous l'influence d'un sang que la respiration vivifiait de moins en moins ; il y avait là comme un cercle vicieux où les causes de décadence s'accumulaient et s'engendraient les unes les autres pour acquérir tout à coup, par le fait d'un mouvement ou d'une émotion, une énergie décisive et mortelle. A cette situation générale déjà si précaire et si menaçante, s'ajoutait une pneumonie qui enlevait une partie du tissu pulmonaire à ses fonctions et menaçait directement la vie par une violente réaction fébrile.

Aux dangers si multipliés et si pressants qui ressortent de cet exposé, ce ne sont pas les indications thérapeutiques qui manquent, mais les moyens et surtout le temps de les remplir : restaurer le sang, rendre aux muscles leur énergie contractile, n'est pas une tâche facile en présence de la fièvre, et ne serait possible qu'avec un laps de temps que l'urgence des accidents n'accorde pas ; si, comme je l'ai fait, on se préoccupe surtout de la pneumonie et de la fièvre, on sera toujours embarrassé pour choisir une médication qui puisse provoquer la délitescence de la fluxion pulmonaire et réduire les pouls et la chaleur fébrile sans augmenter la faiblesse et les chances de mort par l'asphyxie. Il y a là, comme on le voit, des difficultés directement insurmontables et des indications contradictoires qui commandent à la fois une réserve extrême et de promptes et audacieuses décisions. Les conditions faites à la thérapeutique sont telles, que le plus

habile ne saurait pourvoir à tout à la fois et également ;
que la médication est fatalement condamnée à une sorte
d'impuissance absolue et relative qui permettra toujours
à la mort de se faire une large part. Cette désolante
opinion que la réflexion et une cruelle expérience m'ont
fait, était aussi celle de Lind qui prétend que toutes les
affections fébriles qui surviennent chez les scorbutiques
sont habituellement mortelles.

Mais si le succès est difficile, il n'est pas absolument
impossible, et c'est déjà quelque chose que de connaître
les obtacles à surmonter et de savoir que, pour se donner
toutes les chances heureuses, le médecin doit employer
activement tous les moyens propres à reconstituer le
sang, sans aggraver la pneumonie, et combattre la fluxion
pulmonaire, en tenant compte de sa nature spéciale, par
tous les agents qui ne peuvent nuire à la reconstitution
du sang.

Or, voici, je pense, comment on pourrait peut-être con-
cilier, dans une certaine mesure, les diverses exigences de
cette médication complexe.

Il faudrait pouvoir toujours placer les malades dans
un air sec, chaud et suffisamment renouvelé, les couvrir
de flanelles, leur pratiquer fréquemment des frictions
légèrement stimulantes, sur les membres au moins ; leur
donner à l'intérieur des boissons chaudes, parfumées et
doucement diaphorétiques ou diurétiques, de manière à
déterminer l'effort du sang vers la peau et vers les
conduits excréteurs ; soutenir leurs forces languissantes
par de légers bouillons de viande bien dégraissés et addi-
tionnés de cresson, par de petites doses de vin ou de lait,
suivant leurs aptitudes digestives ; « car, dit Lind (1), les
« vues qu'on doit se proposer pour corriger cette dispo-
« sition scorbutique des humeurs, c'est de tenir les
« couloirs libres, c'est-à-dire le ventre, les voies uri-
« naires et les conduits excréteurs de la peau.... La sueur

____

(1) Lind, page 276 et suivantes.

« est de toutes les évacuations celle que les scorbutiques
« supportent le mieux et dont ils retirent le plus d'avan-
« tages. » Il faudrait enfin les soustraire rigoureusement à toute espèce de mouvement, à toute émotion , à
tout changement de température ; et pour se prémunir
contre les redoutables et soudaines défaillances du cœur
que j'ai signalées, les mettre à l'usage de la noix vomique
ou de la strychnine en frictions sur la région précordiale.
Les fruits acides, si justement préconisés contre le scorbut,
me paraissent ici contr'indiqués , mais non pas peut-être
absolument, et si jamais l'occasion m'en est offerte , je
crois que j'en essayerai.

S'il est possible de pourvoir , au moins en partie, aux
indications du scorbut , il n'est pas aussi facile de satisfaire, même incomplètement, aux exigences de la pneumonie. Faut-il recourir aux préparations antimoniales ?
aux évacuations sanguines ? aux vésicatoires ? Faut-il
faire de la médecine expectante et anodine ? Ce sont là
des questions sur lesquelles il est délicat de se prononcer :
j'essayerai cependant.

Ce que l'on sait et ce que l'on ne sait pas de l'action des
antimoniaux sur l'économie , recommande également de
les repousser de ce traitement. Ce que l'on sait, c'est qu'ils
diminuent le nombre des mouvements respiratoires, qu'ils
ralentissent et affaiblissent le pouls. Or , que peut-on
attendre d'heureux de leur intervention dans une maladie
où les sujets succombent par la défaillance du cœur et
par l'impuissance du sang à s'hématoser ; là, où il y a
un pressant intérêt à faire précisément le contraire de
ce qu'ils font : à exciter l'énergie des battements du cœur,
et à étendre le champ de l'hématose faute de pouvoir la
rendre plus énergique et plus efficace. Ce que l'on ne sait
pas , c'est leur action sur les principes constitutifs du
sang ; mais à coup sûr on peut soupçonner qu'ils n'ont
point sur eux une influence qui tende à les augmenter et
à les revivifier ; on peut plutôt supposer le contraire, et
alors on se demande ce que pourrait amener leur absorp-

tion dans ce sang qui a perdu de sa fibrine peut-être,
mais qui, à coup sûr, a perdu de ses propriétés vitales.
Comme évacuants ils seraient une ressource si on n'avait
pas à redouter les secousses du vomissement et les lipo-
thymies.

On peut faire aux évacuations sanguines des reproches analogues, mais ils me semblent moins fondés ;
mieux vaut certainement soustraire un peu de sang, pour
affaiblir la fluxion pulmonaire et diminuer le labeur du
cœur qu'agir directement sur la vitalité de ce liquide et
sur l'énergie contractile de cet organe. Ce que j'ai vu de
leurs effets, me porte à croire qu'elles peuvent donner
de bons résultats, en diminuant la fréquence du pouls et
les douleurs de côté, pourvu qu'elles soient rares, mo-
dérées, employées avec une extrême prudence et une salutaire crainte de la syncope, qui serait, à coup sûr, promptement mortelle ; et à cause de cela, je crois qu'il vaudrait
mieux délaisser l'ouverture de la veine et recourir aux
sangsues ; Lind, du reste, ne repousse pas absolument
la saignée et cite des auteurs qui en ont obtenu de bons
effets.

Les vésicatoires semblent de prime abord se recommander spécialement par leur action franchement révul-
sive sur la peau et leur innocuité sur le sang ; cependant
on peut craindre, si on les applique tôt, qu'ils ne surexci-
tent la fièvre de réaction, et si on les place sur la poitrine
qu'ils ne nuisent aux mouvements respiratoires, dont
l'intégrité est d'un si grand prix. La prudence veut qu'on
limite leur emploi et qu'on sache se défendre de la tenta-
tion d'user largement d'un moyen que la détresse du
médecin lui rendrait si précieux.

Au total, si pressant que soit le danger qui vient de la
pneumonie, comme c'est l'état général, le support qui
reste l'origine et la source de tout péril, que c'est de lui
que procèdent les indications les plus évidentes, il sera
toujours mieux de laisser la pneumonie sur le second
plan, de se contenter pour elle d'un traitement imparfait,

et de mettre son espoir dans les moyens qui s'adressent directement à la cachexie, si peu de chances qu'on ait de la guérir ou seulement de l'atténuer rapidement.

C'est donc bien malgré soi qu'on se voit ainsi conduit par une saine appréciation de la complexité des éléments morbides, à recommander un traitement anodin et lent dans ses effets, contre une maladie presque foudroyante ; mais cet aveu d'impuissance relative, que je n'ai nul souci de formuler après Lind, n'étonnera que les esprits superficiels et présomptueux qui croient à la puissance indéfinie de la médecine ; ceux qui réfléchissent l'accueilleront avec indulgence, et comprendront que cette manière de faire vaut peut-être encore mieux, à tout prendre, qu'une médication qui ne saurait devenir plus active qu'en devenant plus dangereuse.

De cet exposé et de cette discussion on peut, je crois, tirer les conséquences suivantes :

1° Que le froid, l'humidité, les fatigues extrêmes, les émotions tristes constituent, par leur réunion, les causes les plus actives du scorbut ;

2° Que ces causes, en concentrant leur action, peuvent déterminer rapidement une altération scorbutique du sang, et produire une des formes aiguës de cette cachexie ;

3° Que cette altération du sang, comme aussi, probablement, celle qui survient dans le scorbut lentement développé, a cela de très-remarquable qu'elle le rend rebelle à l'hématose ;

4° Que c'est à cette altération du sang qu'il faut attribuer l'extrême faiblesse des scorbutiques, faiblesse qui atteint tous les muscles sans exception ;

5° Que les affections fébriles qui surviennent chez les scorbutiques, comme l'avait dit Lind, sont ordinairement mortelles, et surtout quand elles tendent encore à diminuer le champ de l'hématose ;

6° Que la mort survient souvent alors par l'asphyxie,

et que cette asphyxie est produite par l'état du sang et la défaillance du cœur ;

7° Qu'il importe absolument de soustraire les hommes gravement frappés par le scorbut, à toute espèce d'émotions, de mouvements ou de causes quelconque pouvant accélérer accidentellement les mouvements du cœur , sous peine de les voir succomber à une sorte d'asphyxie foudroyante ;

8° Que la pneumonie des scorbutiques , en tant que pneumonie, se reconnaît aux signes stéthoscopiques ordinaires , mais qu'elle a pour caractéristique les symptômes du scorbut, et particulièrement la faiblesse , la cyanose, l'anhélation extrème, la mort subite par asphyxie et l'accumulation de fibrine aux orifices du cœur ;

9° Que le traitement de cette espèce de pneumonie est des plus difficiles, et qu'il importe d'accorder une attention particulière à la complication scorbutique et aux accidents qui en découlent.

DES PNEUMONIES A FORME TYPHOÏDE.

Dans cette catégorie je compte dix-neuf sujets, quinze guéris et quatre morts, (ces derniers complètent le chiffre de vingt-trois décès, chiffre précédemment annoncé).

Parmi ces quatre morts, il convient cependant de distinguer :

1º Un sujet mort d'une pleuropneumonie survenue dans le service, au vingt-cinquième jour d'une fièvre typhoïde en voie de guérison.

2º Un malade atteint de fièvre typhoïde et de pneumonie, qui est mort au septième jour de cette double affection.

Ce qui réduit véritablement à dix-sept, dont deux morts et quinze guéris, le nombre des pneumonies à forme typhoïde, proprement dites, les seules dont j'aie à m'occuper.

Tous ces malades sont entrés au début même de l'affection, et au plus tard au moment où ils ont dû s'aliter : deux en février, trois en mars, six en avril, quatre en mai, un en juin et un en juillet. Ces pneumonies ont commencé à paraître vers le même temps que les fièvres typhoïdes, qui avaient fait défaut au commencement du mois de février, et elles ont disparu avant que ces dernières eussent cédé la place aux affections dyssentériques des mois de juin, juillet et août.

Elles se sont montrées, en général, étendues et toujours compliquées de bronchite ou de pleurésie et parfois de ces deux affections à la fois. Six fois les deux poumons ont été pris simultanément, deux fois ils l'ont été l'un après l'autre, cinq fois c'est le lobe supérieur qui a été affecté ; le catarrhe a toujours été généralisé, et la pleurésie presque toujours suivie d'épanchements considérables.

La pneumonie, comme les complications ont toujours été constatées avec la plus grande précision, par la percussion et l'auscultation, et de manière à ne laisser aucun doute dans l'esprit, sur le siége et l'étendue des complications thoraciques.

Les crachats, plus rares que d'habitude, probablement à cause de la difficulté de l'expectoration, se sont montrés cependant avec des caractères parfaitement nets : les uns, d'un jaune citronné, battus d'air et adhérents au vase, accusaient la pneumonie, les autres un peu plus abondants, également écumeux et moins visqueux, dénotaient la conplication bronchique.

Malgré l'étendue des lésions, peu de malades se sont plaint d'éprouver ces points de côté qui éveillent d'ordinaire l'attention; et comme la dyspnée était mediocre et la toux rare, même dans les cas compliqués de bronchite et de pleurésie, c'est presque toujours en procédant à un examen complet des organes qu'on a découvert la pneumonie et ses complications, que rien ne décélait dans les apparences du malade.

La peau s'est toujours montrée très-brûlante et très-sèche, et le pouls petit, résistant et très-fréquent.

Dès le début, les malades ont présenté tous les signes d'une adynamie très-prononcée, le décubitus dorsal, l'immobilité de la physionomie, le regard vague, le subdelirium la nuit ou au réveil, l'obtusion des sens et de l'intelligence et la résolution complète des forces musculaires, quelques uns eurent la diarrhée, la langue sèche et les dents fuligineuses; et tous ces symptômes furent portés à un tel degré, que chez beaucoup on resta longtemps indécis sur la question de savoir si il n'y avait pas en même temps une fièvre typhoïde.

La marche de la maladie fut assez rapide, car tous les malades, excepté deux, qui présentèrent des complications exceptionnellement graves, purent manger le quart de portion avant le douzième jour ; néanmoins les convalescences, quoique franches, furent lentes, le retour complet des forces se fit attendre, et deux malades seulement purent quitter l'hôpital au trentième jour. Les autres sortirent après un séjour, qui varia entre 36 et 100 jours.

Le traitement mis en usage fut à peu près le même chez tous et dirigé dans le but de combattre les inflammations thoraciques, en tenant compte de l'état général du sujet. Chez ceux dont le pouls présentait une notable résistance, une saignée au plus de 300 grammes était pratiquée à l'entrée, et les jours suivants, des sangsues au nombre de 8 à 12 étaient appliquées une ou deux fois sur les parois de la poitrine. L'oxyde blanc d'antimoine à la dose de 2 ou 3 grammes ; le kermès à la dose de 0,15 centigrammes ou 0,20 centigrammes, ou l'émétique à la dose de 0,10 centigrammes ou 0,15 centigrammes, dans les cas de complications catarrhales, étaient en même temps administrés à l'intérieur ; et aussitôt que la diminution de la fréquence du pouls, accusait une rémission dans l'état fébrile, de larges vésicatoires étaient placés sur le thorax. Aucun ne fut jugé incapable de supporter la moindre évacuation sanguine et tous eurent au moins une saignée locale.

A ces moyens qui s'adressaient à la phlegmasie thoracique, on ajouta l'emploi des purgatifs salins en boissons et en lavement, le musc et le camphre unis au quinquina pour combattre l'adynamie, la stupeur et les symptômes cérébraux; ayant soin, dans l'usage simultané ou alternatif de ces diverses médications presque contradictoires, de faire peser l'énergie du traitement du côté de l'indication la plus urgente. Cette manière de faire était autorisée et, en quelque sorte, commandée par l'espèce d'indépendance dans laquelle semblaient être, vis à vis l'un de l'autre, les éléments morbides qui constituaient la maladie. Ils suivaient, en effet, parallèlement leur marche chacun avec leurs symptômes propres, de façon à former comme deux maladies dans le même organisme, ne paraissant ni enchaînés, ni subordonnés l'un à l'autre dans leurs manifestations.

La phlogose s'exprimait par des caractères très-nets et très-authentiques ; par la dureté et la tension du pouls, par la bonne apparence des crachats dont la belle couleur citronnée prouvait la complète et légitime élaboration, par la fermeté d'un caillot nettement séparé du sérum et recouvert d'une couenne relevée en cupule, par les fausses membranes de bonne nature qui furent trouvées sur les plèvres et par l'hépatisation grise et cassante, semée de points suppurés, qui avait envahi le tissu pulmonaire.

L'adynamie de son côté apparaissait avec les signes irrécusables que j'ai signalés ; et telle était l'expression phénoménale de l'ensemble qu'il paraissait impossible de discerner l'élément subordonné de l'élément principal et, par conséquent, d'instituer une médication exclusive. Après quelques hésitations, je me décidai à suivre la voie complexe que j'ai indiquée, et ce ne fut pas sans quelque surprise que je vis les phénomènes locaux de la pneumonie s'amender sous l'influence des évacuations sanguines, le pouls conservant sa fréquence et les phénomènes nerveux leur intensité ; et au contraire les symptômes de l'adynamie diminuer par le fait des purgatifs, du musc et du quinquina, pendant que la pneumonie gagnait en étendue ou passait au second degré.

Ce double caractère qui s'était laissé soupçonner par les symptômes et que la thérapeutique dévoila si nettement se révéla également par l'influence alternative très-marquée du jour et de la nuit sur la marche de l'affection : ainsi c'était pendant la nuit que le subdelirium et l'état typhoïde prenaient le plus d'intensité, et pendant le jour que les symptômes d'excitation marquaient le plus d'énergie ; si bien que, pour accommoder la médication aux exigences de la nature, je fus conduit en dernier lieu à administrer les antiphlogistiques et les contro-stimulants pendant le jour, et les névrosthéniques pendant la nuit ; et je n'ai eu qu'à me louer de cette manière de faire, puisque sur 17 cas, d'une gravité exceptionnelle, je n'ai eu à enregistrer que deux décès, et encore dois-je ajouter que des deux malades qui ont succombé, l'un s'est, en quelque sorte, assommé en tombant de sa hauteur la tète première sur une dalle en pierre (1).

La stupeur et la prostration chez tous ces malades étaient tellement caractérisées, elles reproduisaient si bien les apparences qu'on a coutume d'observer dans le cours du deuxième septenaire de la dothinentérie, que ma première pensée fut que j'avais affaire à une fièvre typhoïde compliquée de pneumonie; mais la tension du pouls, les caractères du sang tiré de la veine, l'absence des taches lenticulaires, des épistaxis, de la diarrhée et du gargouillement me détournèrent bientôt de cette première idée, et me donnèrent une conviction qui fut plus tard justifiée par les autopsies, qui montrèrent que les follicules de l'intestin étaient sains, et par la marche de l'affection qui entrait en pleine convalescence au douzième jour ; car la dothinentérie n'a point une marche aussi rapide, et on ne saurait l'admettre là où son signe anatomique et pathognomonique fait défaut.

Je ne puis pas admettre que l'étendue ou le siége de l'inflammation puissent être pour quelque chose dans la forme insolite qu'a présenté la réaction générale, parce que l'étendue de tissu envahie par une phlegmasie peut bien modifier l'énergie de la fièvre, mais non sa nature. Cependant dans le cas particulier dont il s'agit, on n'aura pas manqué de remarquer que cinq de mes pneumoniques ont eu le lobe supérieur pris ; or on sait que, par une singularité restée inexplicable, la pneumonie du sommet s'accompagne ordinairement d'un délire qui cède souvent à l'usage du musc et du camphre ; mais ce délire est habituellement violent, loquace et se rapproche plus de celui qu'on observe dans la méningite que de la stupeur et du subdélirium que l'on voit dans la fièvre typhoïde, et

(1) Quoique très-gravement affecté encore, il donnait quelques espérances, lorsque voulant se lever sans aide il tomba de sa hauteur la tète première sur la dalle de pierre et mourut inopinément une demie heure après.

dans tous les cas cette explication ne pourrait s'appliquer qu'à cinq malades sur dix-sept.

On pourrait peut-être plutôt croire à une influence du typhus ; il marche rapidement, ne présente pas de troubles notables du côté du ventre et revêt quelquefois une forme thoracique et des apparences inflammatoires ; mais deux décès sur dix-sept cas, c'est bien peu de mortalité pour une affection aussi redoutable, et aucun de mes malades n'a eu ni hémorrhagies, ni pétéchies ; d'un autre côté, quand le thyphus éclate parmi des hommes vivants en commun et dans un certain encombrement, comme cela avait lieu, à ce moment, dans les casernes de Lyon, il s'étend bien vite en créant des foyers d'infection, ne se borne point à frapper seulement quelques hommes et ne languit pas ainsi pendant plusieurs semaines sous une forme indécise. Cependant, comme j'ai eu à cette époque, dans mon service, quelques cas de typhus sporadique bien caractérisés, et des purpura fébriles à forme typhoïde, qu'on peut regarder comme une des manifestations des mêmes causes atténuées qui engendrent le typhus, on ne peut se refuser à admettre que la garnison de Lyon ait été, à ce moment, sous l'empire de conditions hygiéniques mauvaises et de nature à produire, sinon le typhus épidémique, au moins des affections à forme typhoïque ; et on peut légitimement penser que ces conditions qui étaient heureusement impuissantes à réaliser un vrai typhus, pouvaient cependant imprimer à la réaction de la phlegmasie pulmonaire, ce cachet particulier que nous avons vu, et qui témoignait évidemment d'une influence dépressive exercée sur la constitution des individus. Mais ces conditions qui se trahissent par leurs effets ne peuvent être saisies directement dans leurs détails. Ainsi mes dix-sept malades proviennent de huit régiments différents, cavalerie, artillerie, infanterie, en séjour depuis plus ou moins longtemps à Lyon, et de neuf casernements situés aux quatre coins de la ville et dans les conditions les plus diverses. Ils sont répartis sur un laps de temps de près de six mois, ce qui ne permet pas de les considérer comme la manifestation d'une constitution médicale quelconque, et ont seulement cela de commun qu'ils sont tous soldats, qu'ils sont tous exposés à quitter la France, et qu'ils ont tous subi plus ou moins de fatigues.

Considérée au point de vue de la doctrine organicienne, la pneumonie est une inflammation locale, toujours identique, avec réaction fébrile générale, consécutive. La lésion locale est le fait primordial et capital, la réaction fébrile, autrement dit la fièvre, le fait secondaire et subordonné qui réfléchit ou transporte dans l'organisme entier les phénomènes qui ont pris naissance dans le parenchyme pulmonaire; d'où la conséquence logique et forcée que le diagnostic doit s'appliquer surtout et presque exclusivement à déterminer le siége, l'étendue et le degré de la lésion anatomique, et la thérapeutique à combattre la fluxion pulmonaire, dont la résolution doit entraîner la guérison de la maladie toute entière.

Cette conception de la maladie appliquée à la pneumonie simple n'est certainement pas à l'abri de toute contestation; mais elle peut être acceptée dans ses conclusions thérapeutiques, parce que dans ce cas spécial, la relation entre les phénomènes locaux et généraux est si directe, si étroite, si absolue, qu'ils proclament tous ensemble le même élément morbide et réclament le même traitement; mais elle est évidemment insuffisante dans son principe et facheuse dans ses conséquences, quand il s'agit de pneumonies de l'espèce de celles que nous venons de signaler : insuffisante, car on n'aperçoit plus de rapport nécessaire et légitime entre la lésion locale, inflammatoire et sthénique de sa nature, et la réaction qui est d'une toute autre espèce; facheuse, parce que si on la tient pour vraie on est conduit forcément à une médication purement antiphlogistique, qui ne serait pas sans danger dans ce cas. Inflexible dans son unité, cette conception ne provoque point à la recherche des rapports nouveaux qui peuvent s'être établis, suivant les temps, les lieux et les individus, entre la fluxion locale et la fièvre de réaction, et elle laisse l'esprit indécis et dérouté quand ces rapports ont été modifiés de telle manière, par exemple, qu'une inflammation locale s'accompagne d'une réaction à la façon des empoisonnements septiques.

Si, au contraire, on admet que les phlegmasies ne diffèrent pas tant par leurs conditions locales que par les conditions dans lesquelles se trouve l'organisme au sein duquel elles ont pris naissance, le problème s'élargit et s'éclaircit tout à la fois ; les phénomènes généraux qui dénoncent ces conditions acquièrent immédiatement une importance capitale et une signification décisive ; et on est amené à cette notion que l'organisme qui est comme la terre où germe et se développe la maladie, doit être ramené à son type normal, si on veut que la maladie elle-même revienne à cet état de simplicité qui offre le plus de prise à la thérapeutique ; qu'il faut étudier l'organisme dans son passé et ses manifestations morbides générales actuelles, si on veut connaître et combattre efficacement les causes qui s'opposent à la marche régulière de la maladie, et aux efforts heureux de la nature médicatrice et d'un traitement purement antiphlogistique.

L'histoire générale de la pneumonie abonde en faits propres à justifier pleinement ces principes. La phlegmasie pulmonaire qu'on observe dans les pays chauds et infectés du miasme paludéen, dans les campagnes de Montpellier, par exemple, et dans l'Afrique française, se complique presque toujours des signes de surcharge des premières voies et d'exacerbation fébrile ; et l'expérience a démontré qu'elle cède facilement à l'emploi des évacuants et du quinquina sagement manié, et qu'elle résiste, au contraire, aux évacuations sanguines. La pneumonie des vieillards, la pneumonie des jeunes enfants, celles qu'on rencontre dans le cours de certaines constitutions médicales, répugnent également à une thérapeutique purement antiphlogistique et veulent souvent des toniques purs, des aliments ou des médications plus ou moins antipathiques à l'inflammation franche. L'exemple le plus frappant et le plus concluant, de ce que peuvent les habitudes de l'économie sur le traitement de la pneumonie, est à coup sûr ce que l'on voit chez certains ivrognes invétérés, dont la phlegmasie pulmonaire s'accroît et s'aggrave sous l'influence de la diète, et cède, au contraire, à l'usage quelquefois excessif du vin.

C'est donc, avant tout, les antécédents, l'état général des sujets, les milieux et les temps dans lesquels ils vivent, qu'il faut prendre en considération dans le traitement de la pneumonie qui s'écarte du type franchement inflammatoire. Ces influences générales caractérisent la maladie mieux que l'étendue de la lésion locale, et inspireront à la thérapeutique de plus sages et plus fructueuses indications.

La pneumonie, dans ce cas, n'est, en quelque sorte, qu'une cause occasionnelle qui a suscité dans l'économie une maladie plus grave, plus immédiatement menaçante et presque indépendante désormais de l'occasion qui l'a fait naître. Les anciens l'avaient ainsi compris et ils distinguaient nettement la pneumonie de la réaction, disant que la péripneumonie pouvait s'accompagner de toute espèce de fièvre, et qu'il fallait, dans le traitement, tenir compte de la maladie locale et de la maladie générale, de la maladie générale surtout. Dans ces dernières années on a fait un peu l'inverse, on s'est surtout préoccupé de la lésion locale que l'on considérait comme le point de départ et la cause efficiente de tous les phénomènes morbides. *In medio stat veritas.* La vérité ici, comme en bien des choses, se trouve entre ces deux opinions extrêmes et on peut dire que le problème thérapeutique consiste surtout à démêler ce qui revient à chacune. Malheureusement ce problème pratique, qui se pose en termes nouveaux à chaque malade, est des plus difficile à résoudre ; car il s'agit, après avoir constaté tous les symptômes, de les apprécier, de les juger, de discerner ceux qui sont importants de ceux qui sont secondaires, ceux qui tiennent les autres dans leur dépendance, et dont la disparition doit dénouer le nœud pathologique ; il s'agit en un mot, après une minutieuse analyse, de procéder à une très-délicate synthèse, en s'aidant des notions directement acquises et de celles fournies par l'expérience du passé.

C'est à ces principes que j'ai demandé de m'éclairer et de me guider dans le traitement des pneumonies dont je viens de faire l'histoire. Ils peuvent suffire, il me semble, à toutes les espèces de pneumonies caractérisées par une réaction générale insolite ; si cependant il se rencontrait des cas décidément obscurs et rebelles à toute investigation, on aurait encore la ressource de la sage et utile méthode de tâtonnement thérapeutique indiquée par Sydenham et formulée plus nettement par Barthez.

DES PNEUMONIES A FORME SIMPLE.

Dans cette troisième série qui compte 68 sujets, tous guéris, je comprends toutes les pneumonies qui ont présenté le type à peu près franchement inflammatoire ; toutes celles qui n'ont rien laissé paraître d'une influence passée ou présente pouvant enchaîner le libre développement de la phlegmasie parenchymateuse et lui imprimer un cachet insolite ; ce qui ne veut pas dire qu'elles aient été simples absolument parlant, comme on va le voir, mais seulement que les complications qu'elles ont présentées ressortaient de l'élément phlegmasique, de sa violence ou de son extension.

Le plus grand nombre de ces pneumonies a été observé en février, mars, avril, mai et juin, un très-petit nombre appartiennent aux derniers mois de l'année ; celles vues en février et mars, sans être accompagnées de cyanose évidente, se ressentaient cependant encore des influences qui avaient si déplorablement marqué celles que j'ai appelées scorbutiques ; mais à mesure que la température est devenue plus sèche et plus chaude, la forme inflammatoire s'est dégagée de plus en plus nettement, et elle est arrivée à son entière perfection au mois de juin. Entre ces deux extrêmes, mois de février et mois de juin, entre ces deux formes parfaitement tranchées, pneumonie scorbutique et pneumonie inflammatoire, il y a donc, en quelque sorte, une époque transitoire, une forme un peu indécise que je dois signaler ; bien que, pour la régularité de mon exposition, je sois forcé de faire une complète démarcation et obligé de tout rapporter au type franchement inflammatoire qui, en somme, réclame bien toutes mes observations , mais à des degrés divers.

A l'inverse de ce que nous avons vu précédemment, la pneumonie se présentait avec une remarquable évidence et un aspect tout classique. Les malades se plaignaient tout d'abord de toux, d'oppression et de douleurs pongitives au niveau des seins ou dans les côtés ; leurs crachoirs se remplissaient d'une expectoration suffisamment abondante, ocrée, adhérente, présentant des teintes bien fondues, depuis le rouge de la rouille jusqu'au jaune léger de l'abricot ; la respiration était accélérée et retenue et faisait constater à l'auscultation du souffle tubaire, des râles crépitants et sous-crépitants et souvent de l'égophonie. La réaction générale n'avait rien de dissonnant, et elle se montrait, pour sa violence, subordonnée à l'étendue de la lésion locale et à la constitution des sujets ; le pouls était accéléré, dur, concentré, la peau sèche et brûlante et la soif très-vive ; mais on n'observait rien ni du côté des voies digestives, ni du côté du cerveau.

La maladie débutait, en général, très-rapidement, le souffle tubaire survenait presque d'emblée ; le plus ordinairement on ne trouvait de râle crépitant qu'au pourtour d'un point passé à l'induration, et cela se voyait, non seulement chez les pneumoniques venus de leurs régiments et qu'on envoie, comme chacun sait, dès le début, mais encore, et cela est plus probant, chez ceux dont la phlegmasie pulmonaire a débuté sous mes yeux, dans la salle même où ils avaient été amenés pour une autre affection.

La lésion locale a toujours été d'une étendue notable, quelquefois même les deux poumons ont été pris simultanément, et, chose singulière, plusieurs fois ils l'ont été l'un après l'autre, l'inflammation passant d'un côté de la poitrine à l'autre, de manière à constituer en quelque sorte deux pneumonies successives. Enfin, dans un très-grand nombre de cas il y a eu complication de pleurésie et épanchement concomitant.

L'étendue de la phlegmasie pulmonaire, sa marche rapide, son extension à la séreuse, la forme des phénomènes réactionnels, dénonçaient clairement une maladie franchement, inflammatoire et demandaient une médication anti-phlogistique ; l'âge des sujets, la facilité avec laquelle l'inflammation se reproduisait chez eux, disaient même quelque chose de plus, en constatant une vraie diathèse phlegmasique.

Chez tous mes malades, le traitement a été uniforme au fond et en principe ; il n'a varié que par son énergie et par de menus détails dont les circonstances particulières à chaque sujet pouvaient faire une loi. Une saignée générale de 2 à 500 grammes au début, une à trois applications de 6 à 12 sangsues sur la région du thorax correspondant au siége de la pleurésie, les jours suivants ; dans quelques cas rares de violente réaction, une deuxième saignée générale, après 36 ou 48 heures ; des boissons chaudes pectorales ou diaphorétiques ; une potion calmante, quelquefois additionnée d'oxide blanc d'antimoine à la dose de 2 ou 3 grammes, la diète, et plus tard, quand les phénomènes réactionnels avaient cédé, des vésicatoires volants sur la poitrine et des boissons diurétiques pour avoir raison des épanchements.

La saignée déterminait une sédation immédiate, le pouls perdait de sa fréquence et de sa dureté, et s'il était serré, il prenait de l'ampleur ; la dyspnée diminuait et les malades accusaient presque aussitôt un mieux sensible. Ce mieux est quelquefois devenu définitif, mais le plus souvent il n'a été que passager ; après un temps variable, mais toujours assez court, la réaction fébrile reprenait son intensité première et elle ne cédait définitivement qu'après une ou deux applications de sangsues sur la poitrine. Aussitôt après la sédation générale définitive, le râle crépitant de retour succédait au souffle tubaire, la peau s'humectait, les malades demandaient à manger et on voyait la convalescence se développer régulièrement et avec une grande rapidité.

Comme toujours, les épanchements ont survécu à l'hépatisation pulmonaire, à la fièvre, à l'inflammation qui les avait produits, mais ils ont cédé sans grande peine aux révulsifs et n'ont jamais apporté d'obstacle ou de retard bien sensibles au complet retour de la santé.

L'opportunité de cette médication ressort evidemment du résultat dernier, mais elle ressort aussi de l'influence heureuse et patente qu'elle a exercée sur la marche et la durée de la maladie ; car chaque émission sanguine a été suivie d'un amendement subit et notable, et la convalescence a été si prompte que les malades mangeaient, en général, le quart de portion du 7e au 9e jour après leur entrée, et qu'ils étaient en pleine possession de leurs forces et de leur santé quelques jours après.

J'ai toujours pu constater cet heureux et définitif résultat, car j'ai toujours gardé assez longtemps mes malades, même après leur entière guérison, par condescendance à leurs désirs et pour l'intérêt que m'inspiraient les travaux et les périls qu'ils allaient affronter. Une seule fois la pneumonie s'étant terminée par suppuration et ayant produit une vaste caverne dans le lobe moyen, au-dessous de l'angle inférieur de l'omoplate, la convalescence a été laborieuse et pendant longtemps compromise par l'abondance et la persistance de la suppuration et de la fièvre qui l'accompagnait. Quelques accidents ou plutôt des maladies nouvelles, étrangères à la pneumonie, sont aussi quelquefois survenues pendant le cours de ce séjour prolongé ; je les mentionne pour l'exactitude de la relation.

Dans cette dernière série, le problème pathologique

était simple, l'élément inflammatoire s'y affichait sans
mélange et sans complication, dans la lésion locale, comme
dans les symptômes généraux de la réaction. Les sujets,
tous jeunes, tous choisis par la conscription, tous voués
à la même existence, étaient tous pourvus, quoique à des
degrés divers, résultant de la variété de leurs constitutions, des conditions physiologiques propres à engendrer
l'inflammation. L'indication thérapeutiqué était donc, en
principe, simple et très-nettement formulée ; elle commandait d'instituer une médication purement antiphlogistique ;
il ne pouvait y avoir de difficulté que dans le choix des
moyens et dans les détails de l'application.

Depuis quelques années, par suite de la réaction qui
s'est faite contre la doctrine dite physiologique, et aussi à
cause de la répugnance que les populations, en beaucoup
de lieux, manifestent contre les évacuations sanguines
appliquées aux phlegmasies thoraciques, on a délaissé un
peu cet héroïque moyen pour lui préférer l'usage exclusif
des préparations antimoniales. Cette pratique peut être
bonne en bien des circonstances, et je ne veux pas la
condamner ; mais dans les cas où l'inflammation qui a
éclaté dans le parenchyme pulmonaire, s'accompagne
d'une vraie et bonne réaction phlogistique ; dans les cas où
la force, l'âge des sujets et la constitution médicale ne
laissent point soupçonner quelque cause secrète d'affaiblissement, ou quelque défaut dans la résistance vitale des
individus, elle me semble aussi mal avisée que celle qui,
négligeant le sulfate de quinine dans la fièvre intermittente,
voudrait revenir aujourd'hui à l'usage des amers et des
évacuants qu'on employait avant la découverte de l'écorce
du Pérou. Dans ces cas, que je veux spécifier bien nettement pour ne point heurter des convictions sincères et
enthousiastes, la méthode des émissions sanguines, pour
la sûreté, l'énergie et la promptitude de son action thérapeutique, peut braver toute comparaison, car elle réalise
vraiment, pour le médecin, la devise *citò, tutò et jucundè*
du chirurgien ; c'est donc elle qui a eu mes préférences ;

toutefois, pour ne rien négliger et comme adjuvant, j'ai quelquefois employé concurremment l'oxyde blanc (celle des préparations antimoniales qui éprouve le moins les malades, et probablement celle aussi qui est le moins efficace), dans les cas où je croyais devoir être plus économe de sang.

Mais il en est de la saignée comme de tous les remèdes, constater leur indication n'est peut-être pas le plus important, il faut encore, et avec d'autant plus de soins qu'ils sont plus énergiques, diriger leur emploi. Un professeur éminent avait cru pouvoir autrefois établir pour la pneumonie une sorte de formule d'après laquelle la quantité de sang, le mode et les époques d'extraction étaient déterminés à l'avance d'une manière à peu près fixe. Cette formule que son auteur, affamé d'exactitude scientifique, regardait comme un progrès destiné à soustraire le traitement de la pneumonie à l'ornière des temps passés, ne suppose même pas les termes les plus importants du problème, ceux que les médecins sages ont toujours eus en grande estime et considération, ceux qui ressortent des temps, des lieux et des individus ; sous prétexte de rigueur et de précision, elle mutile la maladie, et révolte le bon sens médical qui ne peut accepter comme règle de conduite ce lit de Procuste d'un nouveau genre. Une thérapeutique éclairée et habile ne saurait avoir de parti pris à l'avance, et même dans l'application du remède indiqué, elle ne peut et ne doit marcher que pas à pas, en motivant les prescriptions du jour sur les résultats obtenus de la veille. La saignée surtout exige qu'on fasse ces prudentes réserves ; car chez le malade où elle paraît le mieux indiquée, il arrive quelquefois que les premiers jets de sang qui s'échappent de la veine, montrent, par la soudaine dépression du pouls, qu'elle est inopportune, ou au moins qu'elle doit être médiocre et faite lentement.

J'ai donc eu pour règle de ne point préjuger d'une manière absolue la quantité de sang à tirer, même au début, et de subordonner toujours cette décision à l'effet premier et immédiat de l'ouverture de la veine. Quand le pouls conservait sa force et sa fréquence, et à plus forte raison quand il se relevait et prenait de l'ampleur, ce qui arrive encore assez souvent, quand la respiration devenait plus facile et plus lente, et le soulagement du malade évident, on laissait couler le sang jusqu'à 4 ou 500 grammes environ, une plus grande quantité m'ayant toujours parue au moins inutile. En somme, pour la détermination de la dose, aux premières comme aux deuxièmes émissions sanguines générales, on prenait en considération la constitution du malade, la violence de la réaction, et surtout la manière dont l'écoulement du sang était supporté.

Par la saignée, je prétendais calmer la fièvre de réaction et rien autre pour le moment, bien certain que, ce résultat atteint, le reste viendrait à souhait. Cette fièvre de réaction, quoi qu'on ait pu dire, reste, en effet, comme le voulaient les anciens, le signe objectif de la marche de la maladie et le point de mire de la thérapeutique. C'est elle qui témoigne la première et toujours d'une manière péremptoire de l'inopportunité, de l'insuffisance ou de l'efficacité du traitement ; elle a précédé l'hépatisation pulmonaire ; sa chute précède et annonce la résolution du poumon. Tant qu'elle persiste avec la même intensité, on peut être sûr que la maladie n'est point enrayée, quand elle revient, on peut prévoir le retour de tous les accidents ; c'est donc elle qui m'a toujours déterminé à m'abstenir ou à revenir à la charge : l'état couenneux du sang, la persistance de l'induration pulmonaire peuvent et doivent tenir l'attention éveillée, mais n'autorisent point de nouvelles émissions sanguines. Poursuivre à outrance la restauration anatomique du poumon par ce moyen salutairement énergique, quand on l'emploie à propos, mais dangereux quand on en abuse, c'est attaquer un ennemi déjà terrassé et s'épuiser en efforts dans une lutte désormais inutile, dont la convalescence paierait les frais en longueur et en incertitudes. Les saignées locales que l'économie supporte si facilement, et que recommandait hautement chez [mes

malades la complication pleurale, m'ont très-heureuse-
ment servi à compléter la médication générale en ména-
geant le sang et les forces des sujets, et à précipiter la
chute de cette fièvre de réaction, que les modernes trop
exclusivement préoccupés du stéthoscope ont un peu trop
oubliée.

L'inflammation une fois arrêtée, je ne me suis jamais
inquiété beaucoup des produits qu'elle avait pu laisser
dans les organes, bien convaincu que les forces de la vie
ràmenées à leur type normal, sauraient les faire disparaître
sans le secours de l'art, et que l'absorption rendrait bientôt
aux poumons leur perméabilité, et aux plèvres leur liberté.
Pour le poumon, cette espérance s'est toujours promptement réalisée ; pour la plèvre, elle s'est quelquefois fait
attendre, c'est alors, et alors seulement que de larges
vésicatoires ont été appliqués sur la poitrine. En les
employant plus tôt j'aurais craint d'augmenter artificiellement la gêne des mouvements respiratoires, de développer
de l'excitation fébrile, et de nuire à l'effet plus utile et plus
pressant des émissions sanguines qui avaient pour but
précisément de tarir la source de ces produits pathologiques.

Chez cette dernière catégorie de malades, j'ai donc
employé presque exclusivement les émissions sanguines,
comme traitement actif, et je m'en suis bien trouvé,
puisque mes 68 malades ont tous guéri. Dois-je conclure
que la saignée est toujours un moyen héroïque, et qu'il
faut la préconiser à l'exclusion de toutes les autres mé-
thodes dans le traitement de toutes les pneumonies. C'est
là une manière de faire qui n'a que trop de partisans, et
qui ne serait logique que pour ceux qui ne voient dans la
pneumonie qu'une inflammation toujours identique du parenchyme pulmonaire ; pour ceux-là, en effet, la statistique
est un argument irrésistible. Mais pour ceux, et je suis de
ce nombre, qui n'acceptent point le dogme de l'organicisme
comme une vérité complète, elle n'est vraiment qu'une
addition aveugle qui exalte et condamne tour à tour les

diverses médications, suivant les hasards des temps, des lieux ou des constitutions médicales. Je ne raisonnerai donc point ainsi, et le premier enseignement que je veuille tirer des faits que je viens d'exposer, c'est qu'il faut, avant tout, étant donnée une pneumonie constatée par le stéthoscope, rechercher les conditions générales qui dominent le malade et la maladie, déterminer la nature et la force de la fièvre de réaction, et s'efforcer d'extraire de cette analyse clinique, qui comprend l'analyse organique, une notion plus générale et plus complexe de la maladie, qui seule donnera les véritables et sûres indications thérapeutiques. Mais dans les cas où cette analyse dira que la pneumonie est franchement inflammatoire, je prétends effectivement me prévaloir de ces 68 cas de guérison pour recommander la saignée.

Que se passe-t-il, en effet, de capital et d'accessible à l'observation dans cette espèce de pneumonie, et quelle tâche la thérapeutique a-t-elle à y remplir ? Sous l'influence de causes dont le secret mécanisme nous échappe, le sang devient plus fibrineux, le pouls s'accélère, et le parenchyme pulmonaire devient le siége d'abord d'une fluxion, puis d'une exsudation plastique, et plus tard quelquefois d'une suppuration. Pour faire échouer cette évolution morbide, il faut donc entraver la formation de la fibrine dans le sang, soustraire le poumon au raptus sanguin qui se dirige vers lui, et le délivrer des exsudations qui s'opèrent dans son tissu : voilà les indications, voilà ce qu'il s'agit d'obtenir le mieux et le plus vite possible, et avec le moins de dommage qu'il se pourra pour les forces cachées qui constituent la vie.

Livrée à elle-même, aidée seulement de la diète, du repos et de boissons délayantes, la nature peut suffire quelquefois à ce travail, et par sa propre force de réaction amener le salut ; mais elle est incontestablement insuffisante bien souvent, et on ne peut se fier exclusivement à elle que dans les cas légers, pour observer ses procédés de guérison, tâcher de les imiter, et montrer les dangers de certaines thérapeutiques aventureuses qui ont presque la prétention de se passer de son concours.

Les antimoniaux paraissent satisfaire à ces diverses indications d'après deux modes parfaitement distincts, suivant qu'ils produisent des évacuations ou qu'ils sont tolérés. Dans le premier cas, il y a soustraction d'une partie des éléments du sang, dépression nerveuse, révulsion puissante sur le système abdominal et diaphorèse. Dans le second cas, beaucoup plus difficile à apprécier, ce qui frappe surtout, et on pourrait dire ce qui frappe uniquement, c'est la dépression et le ralentissement du pouls, la diminution du nombre des mouvements inspiratoires et la diurèse. L'action thérapeutique de tous ces phénomènes est facile à saisir, et on comprend très-bien que la guérison en soit très-souvent la dernière et heureuse conséquence. Mais on peut reprocher aux évacuations d'être quelquefois mal supportées et d'ajouter une nouvelle inflammation à la maladie, de n'enlever au sang que les principes dont la présence dans l'économie est actuellement le moins préjudiciable ; et au médicament toléré de n'agir bien évidemment qu'à de fortes doses dont l'effet peut être beaucoup trop prolongé pour le retour des forces et devenir fâcheux pour la bouche et l'arrière-bouche. On peut reprocher encore à ces deux médications d'être lentes dans leur action et d'agir indirectement, ce qui rend leurs effets plus difficiles à apprécier et leur administration plus délicate à gouverner, et enfin de laisser souvent l'estomac et l'intestin dans un état de langueur et de trouble qui entrave la convalescence et la rend plus laborieuse.

La saignée agit plus sincèrement et plus promptement, elle enlève soudain au sang une partie de ses principes essentiels, ceux qui, produits par l'inflammation, serviraient encore à l'entretenir et iraient engendrer ou augmenter l'hépatisation pulmonaire. Par cette rapide déplétion, par ce coup énergique et sûr, elle soulage immédiatement, donne un répit salutaire aux forces vivantes, prépare et provoque l'absorption des produits épanchés dans les tissus, et détermine souvent dans la marche ascendante des accidents, un subit temps d'arrêt, bientôt suivi de leur décroissance; son action facilement et immédiatement appréciable par le pouls, peut être dirigée avec énergie et sûreté. Si elle frappe vite, directement et fort, elle n'atteint ni longuement ni profondément la respiration, la circulation et le système nerveux qui peuvent bientôt reprendre leur ressort, et surtout elle respecte l'appareil digestif que la convalescence trouve prêt à satisfaire sans retard et sans efforts à l'appétit et aux besoins de restauration qui s'éveillent avec énergie.

On lui a reproché cependant d'épuiser les forces des malades sans profit proportionnel pour la guérison, de retarder les convalescences et de les rendre interminables; on lui a même contesté récemment en Angleterre et en Allemagne son efficacité thérapeutique, et on a prétendu, en s'appuyant sur des statistiques, que la pneumonie guérirait et mieux et plus souvent, si on proscrivait absolument les émissions sanguines de son traitement.

Ces reproches peuvent être adressés aux spoliations sanguines trop abondantes, et aux saignées faites sans discernement et sans souci de ce que peut supporter le malade et de ce que peut réclamer la maladie; car celles-là sont toujours inutiles et souvent dangereuses; mais ils ne sauraient atteindre la saignée judicieusement employée, celle faite avec une notion aussi exacte que possible des divers éléments du problème pathologique; car celle-là n'affaiblit point, ne retarde pas les convalescences, et guérit parfaitement et sûrement, quoi qu'en disent les statistiques d'Outre-Manche, dont l'aveugle témoignage ne prévaudra pas, je l'espère, contre une héroïque médication qui a pour elle la sanction du temps et du succès, l'approbation d'illustres praticiens, et le bénéfice de la logique médicale. Et, bien que je puisse, moi aussi, apporter ma statistique qui a bien sa valeur, je veux la laisser pour dire à ces nouveaux chimiâtres, à ces novateurs trop oublieux des solides principes d'une saine médecine : Cessez de poursuivre par des procédés entachés d'erreur et frappés d'impuissance, cette vaine recherche d'un remède qui guérisse infailliblement toute espèce de pneumonie ; et bien plutôt apprenez-nous à connaître les conditions multiples de la maladie, à discerner les indications qui ressortent des temps, des lieux, des individus, des espèces, des constitutions médicales, et à user avec sagacité des diverses ressources de la thérapeutique.

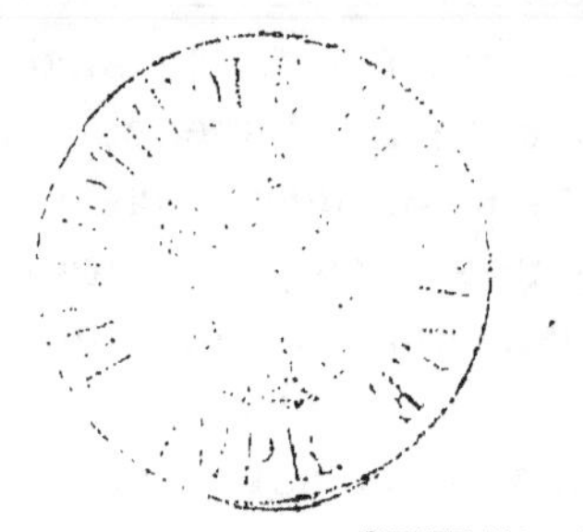